四川省工程建设地方标准

装配整体式混凝土结构设计规程

Design Specification for
Precast Reinforced Concrete Structure

DBJ51/T 024－2014

主编单位： 四 川 省 建 筑 科 学 研 究 院
批准部门： 四 川 省 住 房 和 城 乡 建 设 厅
施行日期： 2 0 1 4 年 5 月 1 日

U0264624

西南交通大学出版社

2014 成 都

图书在版编目（ＣＩＰ）数据

装配整体式混凝土结构设计规程 / 四川省建筑科学
研究院编著. —成都：西南交通大学出版社，2014.8
ISBN 978-7-5643-3221-1

Ⅰ. ①装… Ⅱ. ①四… Ⅲ. ①混凝土结构 – 结构设计
Ⅳ. ①TU37

中国版本图书馆 CIP 数据核字（2014）第 172584 号

装配整体式混凝土结构设计规程

主编单位　四川省建筑科学研究院

责 任 编 辑	张　波
助 理 编 辑	姜锡伟
封 面 设 计	原谋书装
出 版 发 行	西南交通大学出版社 （四川省成都市金牛区交大路 146 号）
发行部电话	028-87600564　028-87600533
邮 政 编 码	610031
网　　　址	http://www.xnjdcbs.com
印　　　刷	成都蜀通印务有限责任公司
成 品 尺 寸	140 mm × 203 mm
印　　　张	2.25
字　　　数	58 千字
版　　　次	2014 年 8 月第 1 版
印　　　次	2014 年 8 月第 1 次
书　　　号	ISBN 978-7-5643-3221-1
定　　　价	25.00 元

关于发布四川省工程建设地方标准
《装配整体式混凝土结构设计规程》的通知

川建标发〔2014〕105 号

各市州及扩权试点县住房城乡建设行政主管部门，各有关单位：

由四川省建筑科学研究院主编的《装配整体式混凝土结构设计规程》，已经我厅组织专家审查通过，现批准为四川省推荐性工程建设地方标准，编号为 DBJ51/T 024－2014，自 2014 年 5 月 1 日起在全省实施。

该标准由四川省住房和城乡建设厅负责管理，四川省建筑科学研究院负责技术内容解释。

四川省住房和城乡建设厅
2014 年 2 月 25 日

前　　言

本规程根据川建标发〔2012〕267号《关于下达四川省工程建设地方标准〈装配整体式结构设计技术规程〉编制计划》的通知要求,由四川省建筑科学研究院负责,会同有关科研、设计、教学、制作和施工单位共同制订,根据专家审查会的意见,本规程名称确定为"装配整体式混凝土结构设计规程"。

规程制订过程中,编制组开展了广泛的调查研究,进行了相关试验研究工作,认真总结了装配式混凝土结构在国内特别是四川省内工程实践中的经验,对主要问题进行了反复讨论,参考有关国际标准和国外先进标准,与相关标准进行了协调,在充分征求意见的基础上,制订本规程。

本规程主要技术内容包括:1　总则,2　术语和符号,3　材料,4　结构设计基本规定,5　建筑设计,6　框架结构设计,7　剪力墙结构设计,8　框架-剪力墙结构设计,9　叠合梁、叠合板设计,10　其他构件设计,11　连接。

各单位在执行本规程时,请将有关意见和建议反馈给四川省建筑科学研究院(地址:成都市一环路北三段55号;邮编:610081;邮箱:zp@scjky.cn),以供修订时参考。

本规程主编单位、参编单位、主要起草人和主要审查人:

主 编 单 位:　四川省建筑科学研究院
参 编 单 位:　中国建筑西南设计研究院有限公司
　　　　　　　四川省建筑设计研究院
　　　　　　　成都市建筑设计研究院

信息产业电子第十一设计研究院
成都市建设工程质量监督站
西南交通大学
西南科技大学
四川大学
西华大学
四川省第七建筑工程公司
四川华西安装工程公司
四川华西绿舍建材有限公司
四川华构住宅工业有限公司
成都万科房地产有限公司
四川蓝光和骏实业股份有限公司
四川省预应力及预制混凝土专业委员会

主要起草人： 张　瀑　鲁兆红　章一萍　毕　琼
　　　　　　 李锡伟　全　理　罗　琳　程　晶
　　　　　　 隗　萍　潘　毅　杨　成　陈　彬
　　　　　　 颜有光　李建波　王汝恒　姚　勇
　　　　　　 古　松　钟　伟　邓　文　刘小东
　　　　　　 张蜀泸　李宇舟　赵太平　郑祥中
　　　　　　 熊　峰　李　力　马　林　侯健频
主要审查人： 李学兰　康　强　秦　刚　尤亚平
　　　　　　 袁天义　陈大乾　张　静

目　次

Contents

10

1 总　则

1.0.1　为了在装配整体式混凝土结构中贯彻执行国家的技术经济政策，做到安全适用、经济合理、方便施工、保证质量，制订本规程。

1.0.2　本规程适用于四川省抗震设防烈度为 8 度及 8 度以下地区且抗震等级不高于二级的装配整体式混凝土结构的设计。

1.0.3　装配整体式混凝土结构的设计除应符合本规程外，尚应符合国家现行有关标准的规定。

2 术语和符号

2.1 术 语

2.1.1 装配整体式混凝土结构 monolithic precast concrete structure

主体结构部分或全部采用预制混凝土构件,且通过后浇混凝土或灌浆形成的混凝土结构。

2.1.2 装配整体式混凝土框架结构 monolithic precast concrete frame structure

主体结构全部或部分采用预制柱、叠合梁、叠合板等构件,通过节点部位或叠合层后浇混凝土形成的混凝土框架结构。

2.1.3 装配整体式混凝土剪力墙结构 monolithic precast concrete shear wall structure

主体结构的部分或全部采用承重预制剪力墙,通过节点部位后浇混凝土形成的混凝土剪力墙结构。

2.1.4 预制构件 precast components

在工厂或现场预制的混凝土构件,如柱、墙板、飘窗板、预制梁、预制板、楼梯、阳台等。

2.1.5 混凝土叠合受弯构件 composite concrete flexural member

在预制混凝土构件上浇筑上部混凝土而形成整体的受弯构件,包括叠合式混凝土楼(屋)面板和叠合式混凝土梁等。

2.1.6 钢筋套筒灌浆连接 grout-filled sleeve connection

预制构件连接部位的钢筋通过套筒灌浆方式实现钢筋连续的连接构造。

2.1.7 钢筋浆锚搭接连接 group-filled indirect lap connection

预制构件部位的钢筋通过预留孔道灌浆方式实现钢筋连续的连接构造，被搭接的两根钢筋之间保持有一定间距。

2.2 符 号

2.2.1 材料性能

f_y——钢筋抗拉强度设计值；

f_t——混凝土轴心抗拉强度设计值；

f_c——混凝土轴心抗压强度设计值。

2.2.2 作用和作用效应

Δu——层间水平位移；

Δu_p——弹塑性层间位移；

V——叠合构件剪力设计值；

P_{Ek}——施加于外墙板重心上的地震作用力标准值；

G_k——外墙板的重力荷载标准值；

σ——荷载作用下截面最大拉应力；

σ_{pc}——预应力在截面上产生的压应力；

V_{jd}——预制构件竖向连接处受剪承载力设计值；

N——与V_{jd}对应的垂直于竖向连接结合面的轴力设计值。

2.2.3 几何参数

h——计算楼层层高；

b——叠合面的宽度；

h_0——叠合面的有效高度；

A_s——垂直于结合面的抗剪钢筋面积；

l_l——受拉钢筋的搭接长度；

l_{ab}、l_a——受拉钢筋的基本锚固长度、锚固长度。

2.2.4 计算系数及其他

γ_{RE}——承载力抗震调整系数；

γ_0——重要性系数；

β_E——地震作用动力放大系数；

α_{max}——水平地震影响系数最大值；

γ_j——接缝内力增大系数；

ζ——受拉钢筋搭接长度修正系数。

3 材　料

3.0.1 装配整体式混凝土结构中，预制构件的混凝土强度等级不宜低于 C30，且不应低于 C25；预应力构件的混凝土强度等级不宜低于 C40，且不应低于 C30。

3.0.2 装配整体式混凝土结构中，钢筋的各项性能指标应符合国家现行标准《混凝土结构设计规范》GB 50010 的规定；钢材的各项性能指标应符合国家现行标准《钢结构设计规范》GB 50017 的规定。

3.0.3 预制构件中采用的钢筋焊接网，应符合行业现行标准《钢筋焊接网混凝土结构技术规程》JGJ 114 的规定。

3.0.4 钢筋连接采用套筒灌浆连接和浆锚搭接连接时，应采用热轧带肋钢筋，且钢筋的屈服强度标准值不应大于 500MPa，极限强度标准值不应大于 630MPa。

3.0.5 钢筋套筒灌浆连接接头应采用配套生产的套筒和灌浆料，且套筒灌浆连接接头的性能应满足行业现行标准《钢筋机械连接技术规程》JGJ 107 中 I 级接头的要求。

3.0.6 钢筋连接用灌浆套筒的性能应符合行业现行标准《钢筋连接用灌浆套筒》JG/T 398 的要求。

3.0.7 钢筋套筒灌浆连接及浆锚搭接连接应采用单组分水泥基灌浆料。其性能应满足行业现行标准《钢筋连接用套筒灌浆料》JG/T 408 的要求。

3.0.8 当钢筋采用浆锚搭接连接时，应符合本规程第 11 章的有关要求。

3.0.9 预制构件连接部位的坐浆材料，其强度不应低于被连接构件混凝土的强度等级，且应满足表 3.0.9 的要求。

表 3.0.9　坐浆用砂浆性能要求

项　　目	性能指标	试验方法
砂浆流动度	130 ~ 170 mm	GB/T 2419
抗压强度（1d）	30 MPa	GB/T 17671

4 结构设计基本规定

4.1 基本规定

4.1.1 在非抗震设防区采用装配整体式结构时，应按照抗震设防烈度6度的要求进行设计。

4.1.2 装配整体式混凝土结构可采用框架结构、剪力墙结构、框架-剪力墙（框架-筒体）结构。高层装配整体式混凝土剪力墙结构、框架-剪力墙（框架-筒体）结构的竖向受力构件宜采用全部现浇或部分现浇。

4.1.3 装配整体式混凝土结构设计中，预制构件划分宜标准化。

4.1.4 装配整体式混凝土结构中的预制构件在制作、运输及安装阶段应进行验算。

4.1.5 装配整体式混凝土结构房屋的最大适用高度应符合表4.1.5的规定。

表 4.1.5 各种结构房屋的最大适用高度（m）

结构体系	抗震设防烈度		
	6	7	8
框架结构	60	50	24
框架-剪力墙结构 框架-筒体结构	130	120	—
剪力墙结构	130	110	50

注：当结构中仅水平构件采用叠合梁、板，而竖向构件全部为现浇时，其最大适用高度同现浇结构。

4.1.6 抗震设计时，装配整体式混凝土结构应根据抗震设防类别、抗震设防烈度、结构类型和房屋高度采用不同的抗震等级，并应符合相应的计算和构造措施要求。装配整体式混凝土结构抗震等级应符合表 4.1.6 规定。

表 4.1.6 装配整体式混凝土结构的抗震等级

结构类型		抗震设防烈度						
		6		7			8	
框架结构	高度(m)	≤24	≥24	≤24	>24		≤24	—
	框架	四	三	三	二		二	—
框架-剪力墙结构 框架-筒体结构	高度(m)	≤60	>60	≤24	>24且≤60	>60	—	
	框架	四	三	四	三	二	—	
	剪力墙	三	三	三	二	二	—	
剪力墙结构	高度(m)	≤60	>60	≤24	>24且≤60	>60	≤24	>24
	剪力墙	四	三	四	三	二	三	二

4.1.7 装配整体式混凝土结构宜采用规则的结构体系。

4.1.8 高层装配整体式混凝土结构应采用预制叠合楼板或者现浇楼板；装配整体式结构中，平面复杂或开洞过大的楼层、作为上部结构嵌固部位的地下室顶板应采用现浇楼盖结构，高层装配整体式结构的地下室宜采用现浇结构。

4.1.9 预制构件与现浇混凝土的结合面应做成粗糙面或设置键槽，粗糙面凹凸深度不宜小于 6mm。

4.1.10 装配整体式混凝土结构中现浇混凝土部分的钢筋连接应符合国家现行标准的有关要求。

4.2 作用及作用组合

4.2.1 装配整体式混凝土结构的荷载应根据国家现行标准《建筑结构荷载规范》GB 50009、《建筑抗震设计规范》GB 50011及行业现行标准《高层建筑混凝土结构设计规程》JGJ 3 确定。

4.2.2 对预制构件进行计算时，应包括下列荷载组合：

    1 承载力（包括失稳）计算，应采用荷载的基本组合；

    2 变形、抗裂验算，应采用荷载的标准组合或准永久组合；

    3 实际运输及施工工况。

4.2.3 进行后浇叠合层混凝土施工阶段验算时，叠合楼盖的施工活荷载取值不宜小于 $1.5kN/m^2$。

4.3 结构分析

4.3.1 装配整体式混凝土结构采用与现浇混凝土结构相同的分析方法进行结构分析；当同一层内既有预制又有现浇的抗侧力构件时，宜对现浇抗侧力构件在水平力作用下的内力进行适当放大。

4.3.2 当进行结构内力与位移计算时，采用装配整体式叠合楼板的楼面中，应考虑叠合板对梁刚度的增大作用，中梁可根据翼缘情况取 1.3～2.0 的增大系数，边梁可根据翼缘情况取 1.0～1.5 的增大系数。

4.3.3 按弹性方法计算的风荷载或多遇地震标准值作用下

的楼层层间最大水平位移与层高之比 $\Delta u/h$ 宜符合表 4.3.3 的规定。

表 4.3.3　楼层层间最大弹性位移与层高之比的限值

结构体系	$\Delta u/h$
框架结构	1/550
框架-剪力墙（框架-筒体）结构	1/800
剪力墙结构	1/1000

4.3.4　在罕遇地震作用下，结构薄弱层（部位）弹塑性变形验算应按国家现行标准《建筑抗震设计规范》GB 50011 的规定进行。结构薄弱层（部位）弹塑性层间位移与层高之比 $\Delta u_p/h$ 宜符合表 4.3.4 的规定。

表 4.3.4　楼层层间弹塑性位移与层高之比的限值

结构体系	$\Delta u_p/h$
框架结构	1/50
框架-剪力墙（框架-筒体）结构	1/100
剪力墙结构	1/120

5 建筑设计

5.1 一般规定

5.1.1 装配整体式建筑的设计应在建筑规划与方案阶段进行考虑。

5.1.2 装配整体式建筑的设计宜采用土建与装修一体化设计。

5.1.3 装配整体式建筑应采用基本模数或扩大模数的方法实现建筑模数协调。

5.1.4 装配整体式建筑的外围护结构、公共楼梯、阳台、内隔墙、空调板、楼板等宜采用工业化生产的标准预制构配件。

5.1.5 装配整体式建筑的设备管线应进行综合设计，减少平面交叉；竖向管线应相对集中布置。

5.1.6 装配整体式住宅建筑中，厨房、卫生间的设备管线宜采用结构层与设备层分离的方式。

5.1.7 装配整体式建筑中，设备管线的设置应充分考虑使用功能的需要。

5.2 建筑设计

5.2.1 装配整体式建筑的平面布置宜简单、规则，突出与挑出部分不宜过大，平面凹凸变化不宜过多过深，并在充分考虑不同使用功能状态需要的前提下选用大空间的平面布局方式。

5.2.2 装配整体式建筑外立面的设计应结合装配整体式混凝土

结构的特点，其基本单元组合及外墙立面宜按一定规则变化。

5.2.3 装配整体式住宅建筑卫生间尺寸应符合行业现行标准《住宅卫生间模数协调标准》JGJ/T 263 的要求。

5.2.4 预制外墙板的设计宜采用平面构件，并考虑制作、运输及施工安装的可行性。

5.2.5 外墙板饰面宜结合构件生产在工厂完成；当采用饰面砖时，宜采用反打一次成型的饰面外墙板。

5.2.6 预制外墙板的接缝处应作有效的防排水处理。

    1 预制外墙板接缝采用构造防水时，水平缝应采用企口缝或高低缝，竖缝宜采用双直槽缝，并在预制外墙板十字缝部位每隔三层设置排水管引水外流。

    2 预制外墙板接缝采用材料防水时，嵌缝材料应满足防水性能、耐候性能和耐老化性能的要求。板缝宽度不宜大于 20mm，防水材料的嵌缝深度不得小于 20mm。

    3 预制外墙板接缝采用构造和材料相结合的（如弹性物盖缝）防排水系统时，其接缝构造和所用材料应满足接缝防排水要求。

5.2.7 装配整体式建筑门窗洞口的平面位置和尺寸应满足构件拆分的构造和受力要求。

5.2.8 装配整体式建筑外墙门窗宜采用标准化产品，可采用整体预埋，或采用预留副框方式。

5.2.9 装配整体式建筑的内隔墙宜采用轻质条板，轻质条板的性能应满足室内隔声、防水、防火要求。

5.2.10 预制混凝土构件的保护层厚度应满足相关规范的防火要求。

5.3 设备管线

5.3.1 装配整体式建筑宜根据装修和设备要求预先在预制构件中预留孔洞、沟槽，预留埋设必要的电器接口及吊挂配件。不宜在构件安装后凿剔沟、槽、孔、洞。

5.3.2 墙板内竖向电气管线布置应保持安全间距。

5.3.3 预制构件内预留有设备或设备管线穿过楼板时，应考虑隔声、防火、防水等要求。

5.3.4 装配整体式建筑的部件与公共管网系统连接、部件与配管连接、配管与主管网连接、部件之间连接的接口应标准化。

6 框架结构设计

6.1 一般规定

6.1.1 符合本章规定的装配整体式框架结构，按现浇结构的有关规定要求执行。

6.1.2 高层装配整体式框架结构的梁柱节点应采用现浇连接。

6.1.3 装配整体式框架结构可采用预制柱、叠合楼盖体系，也可采用现浇柱、叠合楼盖体系。

6.1.4 预制框架叠合梁的设计除满足本章的规定外，尚应符合本规程第 9 章的有关要求。

6.1.5 预制柱的纵向钢筋连接宜采用套筒灌浆连接；抗震等级为三、四级的装配整体式框架结构，对于直径不大于 25mm 的竖向钢筋可采用浆锚搭接连接。

6.2 结构设计

6.2.1 装配整体式框架结构的结构设计应符合国家现行标准《混凝土结构设计规范》GB 50010、《建筑抗震设计规范》GB 50011 及行业现行标准《高层建筑混凝土结构技术规程》JGJ 3 的要求。

6.2.2 框架的节点核芯区应进行抗震验算；验算结果及构造措施应符合国家现行标准《混凝土结构设计规范》GB 50010、《建筑抗震设计规范》GB 50011 的要求。

6.3 梁柱构造

6.3.1 装配整体式框架结构中采用的预制柱应符合下列要求：

1 柱内纵向钢筋宜采用 HRB400、HRB500 热轧带肋钢筋，直径不宜小于 18mm；

2 矩形柱柱宽或圆柱直径不应小于 400mm，且不宜小于同方向梁宽加 200mm；

3 柱钢筋连接区域的箍筋宜采用焊接封闭箍或螺旋箍；

4 当采用套筒灌浆连接时，柱箍筋加密区不应小于钢筋连接区域并延伸 500mm（图 6.3.1），且不应小于国家现行标准中的有关规定；套筒上端第一个箍筋距离套筒顶部不应大于 50mm。

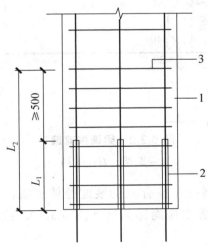

图 6.3.1 柱箍筋加密区域

1—预制柱；2—连接套筒；3—箍筋；L_1—连接套筒区域；

L_2—最小箍筋加密区域

6.3.2 装配整体式框架结构中采用的预制框架叠合梁应符合下列要求：

1 预制框架叠合梁的截面宽度不宜小于 200mm；

2 预制框架叠合梁的下部钢筋应在节点区内锚固；

3 预制框架叠合梁在柱上的搁置长度不宜小于 20mm；

4 预制框架叠合梁端部应设置键槽，如图 6.3.2；

5 预制框架叠合梁的现浇层厚度不应小于 150mm 且不宜小于梁高度的 1/4；

6 预制框架叠合梁宜采用封闭箍筋，抗震等级为二级的预制框架叠合梁应采用封闭箍筋。

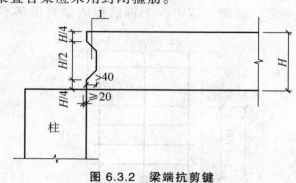

图 6.3.2 梁端抗剪键

1—键槽；*H*—梁高

6.3.3 采用预制柱及叠合梁的装配整体式混凝土框架结构，柱的拼接缝宜设置在楼面标高处（图 6.3.3），接缝应符合下列规定：

1 下柱纵向钢筋向上贯穿现浇节点区，与上柱纵向钢筋连接；

2 上柱底部与节点上表面之间应设置坐浆层。

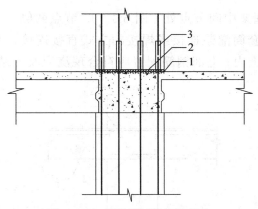

图 6.3.3 预制柱叠合梁节点

1—节点区顶面粗糙面；2—拼缝灌浆层；3—柱纵筋连接

6.3.4 在框架顶层节点处（图 6.3.4），柱纵向钢筋在节点区内的锚固宜采用焊端锚板或螺栓锚头的机械锚固方式，钢筋应伸至梁顶且锚固长度不应小于 $40d$，当截面尺寸不满足锚固长度要求时，可将柱向上延长。

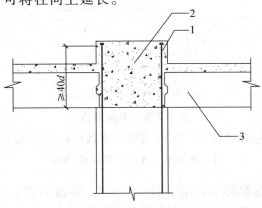

图 6.3.4 顶层节点

1—柱纵向钢筋；2—现浇节点；3—预制梁

6.3.5 在框架中间节点处（图 6.3.5），节点两侧的梁下部纵向钢筋可采用套筒灌浆连接或焊接的方式直接连接，或者锚固在节点区混凝土内；上部钢筋配置应符合现浇混凝土结构的要求。

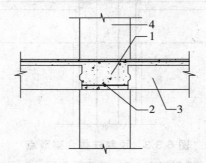

（a）梁下部纵向钢筋套筒灌浆连接或者焊接

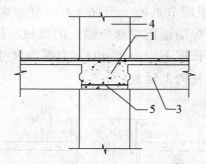

（b）梁下部纵向钢筋锚固

图 6.3.5　中间节点

1—现浇节点；2—下部纵筋连接；3—预制梁；

4—预制柱；5—下部纵筋锚固

6.3.6 在框架边节点处（图 6.3.6），梁纵向钢筋应锚固在节点区内；当柱截面尺寸不满足直线锚固要求时，钢筋端部可采用焊端锚板或螺栓锚头的机械锚固方式，也可采用 90°弯折锚固，但钢筋直线段长度不应小于 $0.4l_{ab}$。

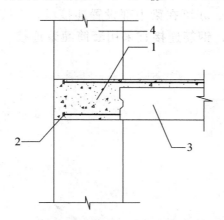

图 6.3.6　中间层边节点

1—现浇节点；2—梁纵筋锚固；3—预制梁；4—预制柱

6.3.7　在框架顶层边节点处（图 6.3.7），可将梁上部钢筋与柱外侧纵向钢筋在节点区搭接，搭接长度不小于 $1.5l_{ab}$。

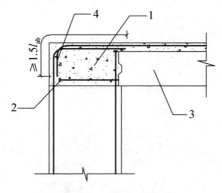

图 6.3.7　顶层边节点

1—现浇节点；2—纵筋锚固；3—预制梁；4—梁柱外侧钢筋搭接

6.3.8 预制柱宜按楼层分段；预制框架梁宜按单个跨度分段，当跨度较大时，亦可在梁中部设置连接段，连接段的长度不宜小于 1000mm，钢筋连接宜采用套筒灌浆连接。

7 剪力墙结构设计

7.1 一般规定

7.1.1 装配整体式混凝土剪力墙结构可采用与现浇剪力墙结构相同的方法进行结构分析。

7.1.2 高层装配整体式混凝土剪力墙结构的下列部位宜采用现浇剪力墙：

　　1 底部加强部位；

　　2 电梯井、楼梯间、公共管道井和通风排烟竖井等部位；

　　3 其他不宜采用预制剪力墙的部位。

7.1.3 高层剪力墙结构中，预制的剪力墙在平面上宜均匀布置，其承担的竖向荷载不应大于总荷载的50%。

7.1.4 抗震等级为四级的多层剪力墙结构，其剪力墙可全部采用预制。

7.1.5 剪力墙结构宜采用大开间楼板结构。

7.2 结构设计

7.2.1 在重力荷载代表值作用下，剪力墙的轴压比应符合国家现行标准的要求。

7.2.2 剪力墙结构构件的截面设计及墙肢的整体稳定验算应按国家现行标准《混凝土结构设计规范》GB 50010、《建筑抗震设计规范》GB 50011 及行业现行标准《高层建筑混凝土结构技术规程》JGJ 3 的规定执行。

7.2.3 当平面外有梁与墙正交时，墙体局部构造应按行业现行标准《高层建筑混凝土结构技术规程》JGJ3 的规定采取加强措施。

7.3　构造要求

7.3.1 高层预制剪力墙的厚度不宜小于 160mm。

7.3.2 高层预制剪力墙与现浇混凝土剪力墙水平连接宜设置在受力较小部位，且不应设置在剪力墙边缘构件中。

7.3.3 高层预制剪力墙竖向连接的钢筋宜采用逐根连接方式；边缘构件的竖向钢筋应采用逐根套筒灌浆连接方式。

7.3.4 高层预制剪力墙的水平钢筋应采用焊接、机械连接或搭接连接方式与现浇段内水平钢筋连接。

7.3.5 高层预制剪力墙的水平连接可采用图 7.3.5 的典型节点构造形式，预制剪力墙在拼接部位宜留深度为 30～50mm 的凹槽。"一"字形连接时，现浇段长度不宜小于钢筋搭接锚固长度的要求；现浇段为"L"形、"T"形、"十"字形时，现浇段长度不应小于相应墙厚且不小于 300mm。

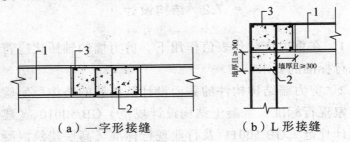

（a）一字形接缝　　　　（b）L形接缝

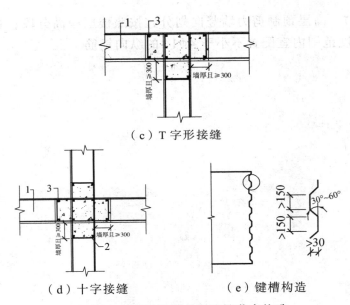

（c）T字形接缝

（d）十字接缝　　　　　（e）键槽构造

图 7.3.5　预制墙板水平连接节点构造

1—预制墙板；2—现浇混凝土；3—纵向钢筋

7.3.6　高层预制剪力墙竖向钢筋连接区域（图 7.3.6），水平
分布筋应加密，其最大间距 150mm，钢筋最小直径 8mm，加
密区域高度不应小于 300mm。

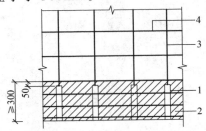

图 7.3.6　竖向钢筋连接区域水平筋加强构造

1—竖向钢筋连接；2—水平钢筋加密区域；3—竖向钢筋；4—水平钢筋

7.3.7 高层预制剪力墙竖向划分宜按照楼层净高分段；在楼板厚度范围内宜配置不小于 4Φ14 的纵向钢筋。

8 框架-剪力墙结构设计

8.0.1 高层框架-剪力墙（框架-筒体）结构中，剪力墙宜采用现浇结构。

8.0.2 抗震设计时，框架-剪力墙结构在规定水平力作用下，结构底层框架部分承受的地震倾覆力矩与结构总地震倾覆力矩的比值不应大于 50%。

8.0.3 本章未明确的内容应符合国家现行标准的要求，框架部分设计尚应符合本规程第 6 章的要求。

9 叠合梁、叠合板设计

9.1 一般规定

9.1.1 施工阶段有可靠支撑的叠合梁、叠合板，可按整体受弯构件计算；施工阶段无支撑的叠合梁、叠合板，应按二阶段受力计算。

9.1.2 叠合梁、叠合板的抗弯及抗剪承载力计算应符合国家现行标准《混凝土结构设计规范》GB 50010 的要求。

9.1.3 除预制框架叠合梁外，其他类型的叠合梁、叠合板可按照简支构件进行设计。

9.1.4 预制框架叠合梁的设计尚应符合本规程第 6 章的要求。

9.1.5 叠合梁及叠合板应按照实际施工支撑条件进行验算。

9.1.6 非框架叠合梁、叠合板按连续构件设计时，预制构件中的下部钢筋应有不少于 50%的配筋伸入支座或节点。

9.2 叠合梁设计

9.2.1 叠合梁叠合面受剪承载力应符合国家现行标准《混凝土结构设计规范》GB 50010 的规定。框架梁采用叠合梁时，其钢筋配置应符合现浇结构的要求。

9.2.2 非框架叠合梁的钢筋应符合以下规定：

1 按照连续构件设计的非框架叠合梁的下部纵向受力钢筋应连续。

2 按照简支构件设计的非框架叠合梁的下部纵向受力钢筋可在梁端锚固。

3 非框架叠合梁的箍筋可采用开口箍现场封闭的形式（图 9.2.2），开口箍筋与预制梁在工厂一同制作，开口箍上方采用 135°弯钩且直段长度不应小于 10d；现场采用箍筋帽封闭开口箍，箍筋帽一侧采用 90°弯钩，一侧采用 135°弯钩且直段长度不应小于 10d；梁上部纵筋现场安装。

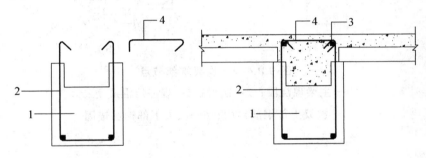

图 9.2.2 叠合梁钢筋构造
1—预制梁；2—预制箍筋；3—上部纵筋；4—箍筋帽

9.2.3 叠合梁与叠合板的叠合层同时施工时，叠合部分混凝土强度等级应取叠合梁与叠合板两者的设计强度等级较高者。

9.2.4 次梁与主梁的连接可采用固接或者铰接的方式并符合以下要求：

1 当采用固接时，连接节点处主梁上应设置现浇段；边节点处，次梁纵向钢筋锚入主梁现浇段内（图 9.2.4-1）；中间节点处，两侧次梁的下部钢筋在现浇段内锚固（图 9.2.4-2）或连接；次梁上部纵筋在现浇层内连续；钢筋锚固长度应符合国家现行标准《混凝土结构设计规范》GB 50010 中的有关规定。

2 当采用铰接时，主梁上宜设置挑耳，次梁设置企口；次梁上部现浇层内应设置构造钢筋（图 9.2.4-3）。

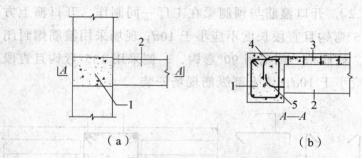

（a）　　　　　　　　　　（b）

图 9.2.4-1　次梁端部节点

1—主梁现浇段；2—次梁；3—现浇层混凝土；

4—次梁上部钢筋锚固；5—次梁下部钢筋锚固

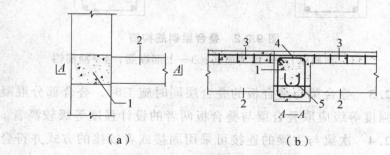

（a）　　　　　　　　　　（b）

图 9.2.4-2　连续次梁中间节点

1—主梁现浇段；2—次梁；3—现浇层混凝土；

4—次梁上部钢筋连续；5—次梁下部钢筋锚固

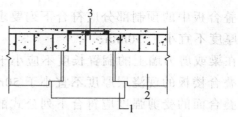

图 9.2.4-3　企口-挑耳铰接节点

1—主梁挑耳；2—次梁；3—现浇层混凝土

9.2.5　非框架叠合梁的现浇层厚度不应小于 100mm。

9.2.6　预制叠合梁的预制面以下 100mm 范围内应设置 2 根直径不小于 12mm 的附加纵筋。

9.3　叠合板设计

9.3.1　叠合板的跨度不宜大于 12m；当跨度大于 5m 时宜采用预应力叠合板。

9.3.2　叠合楼板可采用单向预制叠合板[图 9.3.2（a）]或双向预制叠合板[图 9.3.2（b）]的形式。

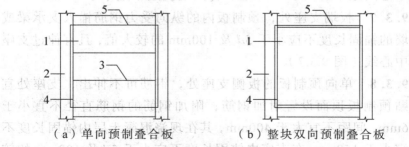
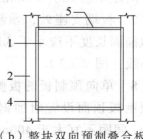

（a）单向预制叠合板　　　（b）整块双向预制叠合板

图 9.3.2　预制叠合板形式

1—预制叠合板；2—梁或墙；3—板侧分离式拼缝；

4—板端支座；5—板侧支座

29

9.3.3 叠合板中的预制部分应符合下列要求：

    1 厚度不宜小于 50mm；

    2 在梁或剪力墙上的搁置长度不应小于 15mm。

9.3.4 叠合楼板的现浇层厚度不宜小于 50mm。

9.3.5 叠合面的受剪强度应符合下列公式的要求：

$$\frac{V}{bh_0} \leqslant 0.4 \quad (\text{N/mm}^2) \quad\quad\quad (9.3.5)$$

式中 V——水平结合面剪力设计值（N）；

          b——叠合面的宽度（mm）；

          h_0——叠合面的有效高度（mm）。

9.3.6 叠合板的叠合面在下列情况宜设置抗剪构造钢筋：

    1 当叠合板跨度超过 5m 时，周边 1/4 跨范围内；

    2 当相邻悬挑板的上部钢筋伸入叠合板时，钢筋锚固范围内；

    3 承受较大荷载的叠合板。

    预埋在预制板内的抗剪构造钢筋，其直径不应小于 6mm，中心间距不应大于 400mm，伸入现浇层不应小于 40mm。

9.3.7 板端支座处，预制板内的纵向受力钢筋锚入支承梁或墙的锚固长度不应小于 $5d$ 及 100mm 的较大值，且宜伸过支座中心线（图 9.3.7）。

9.3.8 单向预制板的板侧支座处，钢筋可不伸出，支座处宜贴预制板顶面设置附加钢筋；附加钢筋的钢筋直径不宜小于 6mm，间距不宜大于 400mm，其在现浇混凝土层内锚固长度不宜小于 150mm，在支座内锚固长度不应小于 $5d$ 及 100mm 的较大值，且宜伸过支座中心线（图 9.3.8）。

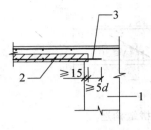 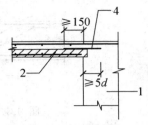

图 9.3.7　板端支座　　　　　图 9.3.8　板侧支座

1—撑梁或墙；2—预制板；3—纵向受力钢筋；4—附加钢筋

9.3.9　单向预制叠合板板侧的分离式拼缝可采用附加钢筋的形式（图 9.3.9），并宜符合下列规定：

1　在接缝处贴预制板顶面设置的垂直于板缝的接缝钢筋，其在接缝两侧的长度不应小于 100mm；

2　接缝钢筋的钢筋直径不宜小于 6mm，间距不宜大于 400mm。

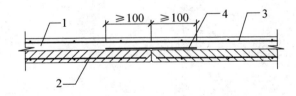

图 9.3.9　　板侧分离式拼缝构造

1—现浇层；2—预制板；3—现浇层内钢筋；4—接缝钢筋

9.3.10　单向预制叠合板的板侧拼缝应尽量避免设置在次受力方向的跨中，如不能避免时，板侧的分布钢筋应伸出板侧，其锚固于现浇混凝土层的长度不小于 l_a，如图 9.3.10 所示。

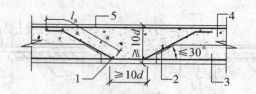

图 9.3.10　跨中拼缝构造

1—构造筋；2—钢筋锚固长度 l_a；3—预制板；

4—现浇层；5—现浇层内钢筋

9.3.11 设置在现浇层内的负弯矩钢筋应由叠合受弯构件的计算确定。在单向预制叠合板中，垂直于板跨度方向的板面负筋不宜小于受力方向板面负筋的 50%。

9.3.12 悬臂叠合构件负弯矩钢筋应在现浇层中锚固并应置于现浇层主要受力钢筋内侧。

9.3.13 预应力叠合板的最小配筋率不应小于 0.15%。

10 其他构件设计

10.1 一般规定

10.1.1 本节适用于预制外墙板、预制隔墙板及预制梯段的设计。

10.1.2 在结构分析中，应根据实际情况计入预制外墙板对结构刚度的影响。

10.1.3 预制外墙板、预制隔墙板的性能除应满足安全性要求外，尚应满足建筑功能、建筑热工、隔声、防火等要求。

10.1.4 预制外墙板、预制隔墙板及预制梯段与主体结构的连接应满足安全性和使用性要求，并应满足地震作用下的相对位移要求。

10.1.5 预制外墙板、预制隔墙板及预制梯段及连接节点设计时，其重要性系数 γ_0 应取不小于 1.0，其承载力的抗震调整系数 γ_{RE} 应取 1.0。

10.2 外墙板设计

10.2.1 外墙板与主体结构的连接可采用上端悬挂下端铰支、两对边简支或下端固接等方式。

10.2.2 外墙板设计时，应考虑水平地震作用与风荷载作用的组合；地震作用的分项系数取 1.3。

10.2.3 外墙板的地震作用可采用等效侧力法计算；地震力应施加于外墙板的重心，水平地震力应沿平面外方向布置。

10.2.4 当采用等效侧力法时,外墙板自重产生的地震作用应符合下列规定:

$$P_{Ek} \leqslant \beta_E \alpha_{max} G_k \qquad (10.2.4)$$

式中 P_{Ek} ——施加于外墙板重心上的地震作用力标准值;

β_E ——地震作用动力放大系数,可取 5.0;

α_{max} ——水平地震影响系数最大值,应按表 10.2.3 采用;

G_k ——外墙板的重力荷载标准值。

表 10.2.4 水平地震影响系数最大值 α_{max}

抗震设防烈度	6 度	7 度	8 度
α_{max}	0.04	0.08(0.12)	0.16(0.24)

注:7 度、8 度时括号内数值分别用于设计基本地震加速度为 $0.15g$、$0.30g$ 的地区。

10.2.5 外墙板按照允许应力法进行设计时,截面最大应力应满足式(10.2.5)的要求。

$$\sigma \leqslant f_t + \sigma_{pc} \qquad (10.2.5)$$

式中 σ ——荷载作用下截面的最大应力;

σ_{pc} ——预应力在截面上产生的应力。

10.2.6 外墙板的厚度不宜小于 100mm。

10.2.7 外墙板宜采用双层、双向配筋;按照允许应力法进行设计时,竖向和水平钢筋的配筋率均不宜小于 0.1%;且钢筋直径不宜小于 6mm,间距不宜大于 300mm。

10.2.8 外墙板与主体结构连接节点应符合下列要求:

　　1 连接件与主体结构的锚固承载力设计值应大于连接件

自身的承载力设计值;

    2 连接件的承载力设计值应大于外墙板传来的最不利作用效应组合设计值的 1.3 倍。

10.2.9 连接节点的预埋件应符合国家现行标准《混凝土结构设计规范》GB 50010、《钢结构设计规范》GB 50017 的有关规定,且预埋件应在外墙板和主体结构混凝土施工时埋入。

10.2.10 外墙板与主体结构间的非受力连接部位可采用局部薄弱化处理,但应考虑建筑使用功能及损伤修复要求。

10.2.11 外墙板的周边及洞口边宜设置暗柱,其配筋不宜小于 4Φ12,箍筋不宜小于 Φ6@250。

10.3 隔墙板设计

10.3.1 隔墙板上下两端与主体结构的连接宜采用铰接方式,并应具有适应结构变形的能力;

10.3.2 隔墙板的设计应符合下列要求:

    1 水平作用力不应小于 1kN/m;

    2 最大挠跨比不应大于 1/250。

10.3.3 隔墙板采用容许应力法设计时。矩形截面受弯构件的受弯承载能力应符合下列规定:

$$\sigma \leqslant f_t + \sigma_{pc} \qquad (10.3.3)$$

式中 σ——荷载作用下截面最大应力。

        σ_{pc}——预应力在截面上产生的应力。

10.3.4 采用容许应力法进行设计时,隔墙板配筋应满足构件运输、安装的要求。

10.4　预制梯段设计

10.4.1　预制梯段宜按照简支构件进行设计，在支撑构件上的搁置长度不宜小于 75mm。梯段的一端应预留可位移空间，并应有防止位移过大时滑落的构造措施。

10.4.2　预制梯段宜配置连续的上部钢筋，最小配筋率为 0.15%。分布钢筋直径不宜小于 6mm，间距不宜大于 250mm。

10.4.3　梯段与平台梁之间的预留间隙不宜小于 15mm，间隙的填充宜采用弹性材料或低强度材料。

11 连 接

11.1 一般规定

11.1.1 本章适用于预制构件水平连接和竖向连接的设计以及钢筋浆锚搭接连接的设计。

11.1.2 预制构件的水平连接宜采用现浇方式，且预制构件宜设置键槽。

11.1.3 预制构件在竖向连接处应进行粗糙面处理；抗剪粗糙面的凸凹不应小于 6mm。

11.1.4 装配整体式结构中，钢筋的连接采用机械连接、套筒灌浆连接时，应满足国家现行标准的有关要求。

11.1.5 预制构件的连接位置宜设置在构件受力较小的部位。

11.2 构件连接设计

11.2.1 满足本规程第 7.3 节要求的预制剪力墙，构件间水平连接的抗剪承载力可不验算。

11.2.2 预制墙板底面竖向连接的受剪承载力设计值应按下列公式进行计算：

$$V_{jd} = 0.6 f_y A_s + 0.8N \qquad (11.2.2)$$

式中　V_{jd}——竖向连接处受剪承载力设计值；

　　　f_y——钢筋抗拉强度设计值；

　　　A_s——垂直于结合面的抗剪钢筋面积；

N ——与剪力设计值 V_{jd} 对应的垂直于结合面的轴力设计值,压力时取正,拉力时取负,当轴力大于 $0.6f_cbh_0$ 时,取为 $0.6f_cbh_0$。

11.2.3 预制剪力墙竖向构件逐根钢筋连接时,预制墙板底面竖向连接的正截面受弯、受压及受拉承载能力可不验算。

11.3 钢筋浆锚搭接连接

11.3.1 钢筋采用浆锚搭接连接时,宜采用配置约束螺旋箍筋形式(图 11.3.1),且钢筋直径不宜大于 25mm;预留孔间的净距不应小于 50mm,预留孔距构件边缘的最小距离不应小于15mm。

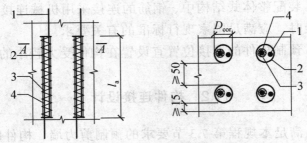

图 11.3.1 约束浆锚搭接连接

1—纵筋;2—约束螺旋箍筋;3—孔道内灌浆;4—连接纵筋

11.3.2 在同一连接区段内的钢筋 100%搭接连接时,受拉钢筋的搭接长度按下列公式计算:

$$l_1 = \zeta l_a \qquad (11.3.2)$$

式中 l_1 ——受拉钢筋的搭接长度。

l_a——受拉钢筋的锚固长度，按国家现行标准《混凝土结构设计规范》GB 50010 计算。当充分利用钢筋的抗压强度时，锚固长度不应小于受拉锚固长度的 0.7 倍。

ζ——受拉钢筋搭接长度修正系数，按纵向搭接钢筋接头面积百分率和螺旋箍筋配箍量确定，取值范围 1.0 ~ 1.6。

11.3.3 浆锚搭接连接的钢筋宜每根连接，浆锚搭接连接长度按较大直径钢筋计算，并不应小于 300mm。

11.3.4 约束螺旋箍筋的配置应满足表 11.3.4 的要求，螺旋箍筋之间的间距不宜小于 50mm。

表 11.3.4 约束螺旋箍筋最小配筋

钢筋直径	8	10	12	14	16	18	20	22	25
螺旋箍筋	Φ4@80	Φ4@70	Φ4@60	Φ4@50	Φ4@40	Φ6@60	Φ6@50	Φ6@50	Φ6@40
D_{cor} (mm)	35	40	45	50	55	60	65	70	80

11.3.5 预留插筋孔下部应设置灌浆孔，灌浆孔中心至构件底边的距离宜为 25mm；预留插筋孔上部应设置出浆孔，出浆孔中心宜高于插筋孔顶面。

11.3.6 预留插筋的灌浆孔边到构件边缘的距离不宜小于 25mm。

11.3.7 灌浆料养护期间禁止扰动，下步施工时灌浆料强度应满足施工荷载要求，并不应低于设计强度的 70%。

本规程用词说明

1 为便于在执行本标准条文时区别对待，对执行标准严格程度的用词说明如下：

　　1）表示很严格，非这样做不可的：

　　　　正面词采用"必须"，反面词采用"严禁"。

　　2）表示严格，在正常情况下均应这样做的：

　　　　正面词采用"应"，反面词采用"不应"或"不得"。

　　3）表示允许稍有选择，在条件许可时首先应这样做的：

　　　　正面词采用"宜"，反面词采用"不宜"。

　　4）表示有选择，在一定条件下可以这样做的，采用"可"。

2 规程中指定按其他有关标准、规范的规定执行时，写法为"应符合……的规定"或"应按……执行"。

引用标准目录

1 《建筑结构荷载规范》GB 50009
2 《混凝土结构设计规范》GB 50010
3 《建筑抗震设计规范》GB 50011
4 《钢结构设计规范》GB 50017
5 《水泥胶砂流动度测定方法》GB/T 2419
6 《水泥胶砂强度检验方法（ISO 法）》GB/T 17671
7 《高层建筑混凝土结构技术规程》JGJ 3
8 《钢筋机械连接技术规程》JGJ 107
9 《钢筋焊接网混凝土结构技术规程》JGJ 114
10 《住宅卫生间模数协调标准》JGJ/T 263
11 《钢筋连接用灌浆套筒》JG/T 398
12 《钢筋连接用套筒灌浆料》JG/T 408

四川省工程建设地方标准

装配整体式混凝土结构设计规程

DBJ51/T 024 - 2014

条 文 说 明

目　　次

1 总　则

1.0.2　鉴于装配整体式结构应用经验较少，本规程重点解决抗震烈度为 7 度及以下地区的装配整体式结构的设计要求；对于 8 度区的装配整体式混凝土结构则采用对楼层数及总高度进行限制的方法。根据四川目前的现状，这样处理既符合技术的现状，也基本满足 8 度区的实际需要。对于超出本规程范围的装配整体式结构，可以根据实际情况，按照其他相关标准或规定执行。

3 材　料

3.0.1　预制混凝土构件由于在工厂生产,易于进行质量控制,因此对它的最低强度等级的要求高于现浇混凝土。对于装配整体式结构中所采用的其他轻质内隔墙体则不包括在本规程的要求中。

3.0.3　为了提高预制构件生产的工业化水平,加强构件质量保证,鼓励在预制混凝土构件中采用成品钢筋。四川省地方标准《建筑工业化混凝土预制构件制作、安装及质量验收规程》DBJ51/T 008－2012中对此也有相关要求。

3.0.4　由于钢筋套筒灌浆连接和浆锚搭接连接的方法,其连接需要利用钢筋表面的机械咬合作用,因此应采用带肋钢筋,不应采用光面钢筋。为了避免钢筋超强度对钢筋连接实际性能的影响,对钢筋的屈服强度和极限强度进行了限制。

3.0.5　钢筋套筒灌浆连接技术在美国和日本已经有近 40 年的应用历史,在我国台湾地区也有多年应用历史。40 年来,上述国家和地区对钢筋套筒灌浆连接技术进行了大量的试验研究,采用这项技术的建筑物也经历了多次地震考验,是一项十分成熟的技术。国内外均将其列入钢筋机械连接的一种。

3.0.7　钢筋套筒灌浆连接和浆锚搭接连接技术的关键之一,在于灌浆料的质量。根据国外的经验,灌浆料应具有高强、早强和无收缩等基本特性,以便使其能与套筒、被连接钢筋更好地共同工作,同时满足装配式结构快速施工的要求。在我国,这项技术在铁路部门已有 20 余年的应用历史。目前国家已有产品标准。

3.0.8 以往钢筋的搭接，强调将需搭接的钢筋绑扎在一起，以便于钢筋之间的直接传力。浆锚搭接连接，是一种将需搭接的钢筋拉开一定距离的搭接方式。这种搭接技术在欧洲有多年的应用历史，也被称之为间接搭接或间接锚固。早在我国 1989 年版的《混凝土结构设计规范》的条文说明中，已经将欧洲标准对间接搭接的要求进行了说明。四川地区在 1980 年代装配整体式框架结构中，大量采用了钢筋浆锚搭接连接技术，在绵竹、汉旺等地的震后调查中，也未发现钢筋锚固失效的问题。

3.0.9 保证预制竖向构件连接部位的坐浆材料的质量是十分重要的。这对于保证预制构件之间正常传递压力和剪力起着重要作用。坐浆材料应采用低流动、无收缩、快硬性的水泥基材料，当坐浆用砂浆水灰比过大时，由于其施工工艺而不易保证其必要的强度。

4 结构设计基本规定

4.1 一般规定

4.1.1 尽管四川省内有部分区域属于非抗震设防区,但为了提高装配整体式结构的可靠性,要求装配整体式结构均应进行抗震设防。

4.1.2 目前的高层装配整体式结构体系中,其竖向受力构件主要有两种方式:一种是全部现浇,仅外挂墙板等采用预制;另一种是部分构件现浇、部分构件预制的方式。鉴于剪力墙结构的竖向受力构件全部采用预制构件的高层建筑尚缺少足够的应用经验,为了简化设计,本规程不考虑该类情况。框架结构一般认为可以实现等同现浇结构的性能,因此,并不要求柱必须采用现浇方式。

4.1.3 在装配整体式结构设计中,哪些部位采用预制最有效是设计必须考虑的问题。本规程强调构件应当有模数,但弱化对建筑模数的要求,只要构件符合标准化、模数化的要求,即有可能降低装配整体式结构的成本。这相应地需要考虑构件的连接问题,以使设计和施工简化。

4.1.4 四川省工程建设地方标准《建筑工业化混凝土预制构件制作、安装及质量验收规程》DBJ51/T 008 – 2012 中对该阶段工作有明确的要求。由于在制作、运输及安装阶段,相关过程的工作状况与生产单位的工艺等密切相关,有些构件甚至可能是由施工阶段的要求所控制,生产单位技术措施的选择在很大程度上决定了建造的成本，因此当设计单位认为制作、安装单位具备相应能力时，该阶段的验算可交由生产单位负责完成。

4.1.5 本规程对于装配整体式结构在 8 度区的应用偏于严格，主要是结合技术水平和实际需要两大因素的考虑。在 6 度、7 度区，本规程基本是按照等同现浇的思路进行设计，因此，各结构体系的最大适用高度基本按照抗震设计规范决定。

4.1.7 考虑到装配整体式结构应用经验较少，对于高层装配整体式结构建议采用平面、立面均为规则体系的建筑，较现行标准偏严。

4.1.9 预制构件与现浇混凝土的连接是保证结构整体性的重要措施，根据过去的研究成果和应用经验，通常构件的水平连接采用键槽方式，竖向连接采用粗糙面的方式。

4.2 作用及作用组合

4.2.1 对装配式结构进行承载能力极限状态和正常使用极限状态验算时，荷载和地震作用的取值及其组合均按现行相关规范执行。

4.2.3 此条规定与现行国家标准《混凝土结构工程施工规范》GB 50666 相同。

4.3 结构分析

4.3.1 考虑到对装配整体式结构的认识尚有待进一步完善，因此，当竖向构件同时采用预制构件与现浇构件时，建议对现浇结构构件的受力适当放大，具体放大系数由设计人员根据预制竖向构件的配置数量确定。框架-剪力墙结构及剪力墙结构中，剪力墙的弯矩、剪力设计值可乘以 1～1.05 的增大系数。

4.3.3、4.3.4 结构的层间位移角限值与现浇结构相同。

5 建筑设计

5.1 一般规定

5.1.2 考虑到应尽量避免装修时对预制构件造成结构性损伤，同时结合四川省正在推行成品住宅的建设，建议设计时装修一并考虑。

5.1.4 根据国内实际应用的经验，上述各类构件较适宜于采用预制构件。

5.1.5 设备管线的综合设计尤其应注意套内管线的综合设计，每套的管线应户界分明。

5.1.6 住宅建筑中，厨房、卫生间的设备管线最为复杂，而且住户对功能的要求具有多样性，标准化的设计难于满足各种需求，同时考虑到设备管线的维修、更换的便利性，建议采用设备层与结构层分离的设计。

5.1.7 在预制构件上应尽可能避免后期剔槽开洞，而在住宅建筑中，由于建筑的使用者对功能要求比较复杂，在设计阶段难于准确估计，因此，在配置室内开关插座、弱电接口等应适当增加配置，以减少后期对预制构件的损伤。

5.2 建筑设计

5.2.5 饰面砖现场施工采用粘贴工艺，在工厂生产时，可将饰面砖预先放置在模具内，与外墙板的混凝土一起浇筑（即反打工艺），采用该工艺能够有效地解决饰面砖与基层的连接问题，同时也减少现场抹灰，在一定条件下可实现无外架施工。

5.2.6　建筑设计中，外墙板设计的关键在于防水处理，本条文所涉及的方法是近年来普遍采用的方法。

5.2.7　考虑到制作、运输及安装的要求，通常不希望采用开口的构件，即使周边密闭的构件，也希望洞口至构件边缘的尺寸不能过小。

5.2.8　门窗整体预埋包括了窗框和窗扇；预留副框则只将副框埋入，窗框和窗扇根据施工进度后期进行安装。预埋副框的优点在于成品保护较容易。

5.3　设备管线

5.3.4　由于部品是集合了一定建筑功能的产品，尤其是预留或预埋了部分管线，因此，接口的标准化是方便施工的重要手段。

6 框架结构设计

6.1 一般规定

6.1.2 节点现浇是实现等同现浇结构的主要手段，根据现有资料，节点现浇的装配式框架结构其性能与现浇框架相同。在多层框架结构中有可靠依据时，也可采用其他结点形式（如干式连接）。

6.1.3 装配整体式框架结构可以采用预制柱或现浇柱，梁、板通常均采用现浇叠合方式。

6.1.4 本章主要解决与框架结构设计有关的问题，如节点、基本尺寸要求等，有关叠合构件的设计需符合第 9 章叠合梁、板的设计要求。

6.1.5 预制柱的钢筋连接是保证结构整体性的重要措施，此处列举有常用的钢筋连接方式。钢筋套筒灌浆连接是引进国外及我国台湾地区的一种连接方式，其涉及的产品种类较多，目前正制订相关标准，连接的成本较高；焊接是传统的连接方式，但在装配整体式框架中受制于施工条件，较少采用；钢筋浆锚搭接连接也是一种传统的连接方式，曾经有着广泛的应用，其相对成本较低，在汶川地震后的调查中，钢筋浆锚搭接连接具有相当的可靠性，在多层框架结构中推荐应用。考虑到浆锚搭接连接是一种间接连接方式，柱中钢筋的连接采用套筒灌浆连接方式相对更可靠，因此，结合以往应用的实际经验，对浆锚搭接连接的应用给出限制。

6.3 梁柱构造

6.3.1 采用大直径及高强钢筋,是为了减少钢筋根数,增大间距,便于柱钢筋连接及节点区钢筋布置。套筒连接区域柱截面刚度及承载力较大,为避免柱的塑性铰区可能会上移到套筒连接区域以上,至少应将套筒连接区域以上 500mm 高度区域内柱箍筋加密。

6.3.3 在预制柱叠合梁框架节点中,现浇节点上表面设置粗糙面,应采取可靠且经过实践检验的施工方法,保证柱底接缝灌浆的密实性。

6.3.4~6.3.7 节点区钢筋的连接参照现浇结构要求执行。

6.3.8 对构件的划分提出原则意见。梁跨度较大时,由于运输和安装的需要,可能需要分段,此时可设置现浇段进行连接,该类构件亦可采用预应力钢筋进行连续配筋。

7 剪力墙结构设计

7.1 一般规定

7.1.2 底部加强部位的定义按行业现行标准《高层建筑混凝土结构设计规程》JGJ 3 执行。本条要求较国内其他各地的规程严格。

7.1.3 为避免预制剪力墙的布置对结构整体性能产生影响，因此，要求预制和现浇剪力墙在平面上都宜均匀布置。在高层剪力墙结构中，为了保证结构的安全性，鉴于目前装配式结构的应用现状，要求各楼层的剪力墙不应全部采用预制，为了便于设计控制，按墙体承担的竖向荷载进行限制。

7.1.4 区分高层与多层，多层剪力墙体系的剪力墙可以全部采用预制。

7.1.5 实际中叠合楼板厚度较现浇板厚，较大的跨度有利于发挥综合效益；尽可能减少梁的数量，便于施工。

7.2 结构设计

7.2.3 梁与墙正交时需要注意减少梁端弯矩对剪力墙的不利影响。

7.3 构造要求

7.3.1 预制剪力墙与现浇剪力墙要求相同。

7.3.3~7.3.5 预制剪力墙钢筋的连接参照现浇结构的要求制订。

7.3.6 在预制剪力墙的竖向连接中，套筒一般预留在预制剪力墙的底部，为了保证连接的可靠性，增加了对水平分布筋的要求。

8 框架-剪力墙结构设计

8.0.1 剪力墙作为主要的抗侧力构件，为了保证整体的安全性，仍建议采用现浇。框架部分（包括梁、柱）可采用预制，楼板可采用叠合楼板。从施工工艺的角度，预制框架与现浇剪力墙的组合，能够有利于发挥预制的优点。

8.0.2 《高层建筑混凝土结构设计规程》JGJ 3 中规定了较多的情况，本规程主要考虑预制框架与现浇剪力墙的结构形式，不希望框架部分承担过多的地震作用。

9 叠合梁、叠合板设计

9.2 叠合梁设计

9.2.2 采用叠合梁时，在施工条件允许的情况下，箍筋宜采用闭口箍筋。当采用闭口箍筋无法安装上部纵筋时，可参照 AC318 中的做法，采用开口箍筋加箍筋帽的形式。

9.2.4 对于叠合楼盖结构，次梁与主梁连接宜采用铰接的形式，构造较简单且可避免在主梁上引起扭矩。企口-挑耳的铰接节点形式是一种常用的做法，也可采用其他经过验证的铰接节点。当需要固结时，主梁上需要预留现浇段，现浇段混凝土断开而钢筋连续，以便穿过和锚固次梁钢筋。当主梁截面较高且次梁截面较小时，主梁预制混凝土也可不完全断开，采用预留凹槽的形式供次梁穿过。

9.3 叠合板设计

9.3.1 主要考虑运输以及叠合面抗剪问题，预应力叠合板是降低成本的有效途径。

9.3.2 考虑到简化实际应用中的设计工作，本规程建议首选这两种形式的叠合板。当采用单向叠合板时，设计需注意单向板的导荷方向，对非主要受力方向的梁需要考虑适当放大配筋，以考虑使用阶段的实际受力状况。

9.3.3 预制板最小厚度的规定考虑了脱模、吊装、运输、施工等因素。但有足够的构造措施，比如预设桁架钢筋增加其预制板刚度的情况下可以考虑适当厚度减少。

为防止在施工时预制构件坠落以及混凝土浇筑时漏浆，预制板需要与其支承构件有一定的支承长度，一般不小于 15mm。

9.3.4 叠合板现浇层最小厚度的规定考虑了楼板整体性要求以及管线预埋、面筋铺设、施工误差等因素。

9.3.5 对于叠合板该条件较易满足，配筋作为安全储备。

9.3.6 预制混凝土叠合板当跨度超过 5m 或悬挑板上部钢筋伸入时，叠合板周边 1/4 跨或悬挑板上部钢筋伸入范围内，叠合面的水平剪力较大，需设置界面抗剪连接钢筋来保证水平界面的抗剪能力。参照钢结构压型钢板的有关抗剪要求制订。

9.3.7~9.3.8 预制板内的纵向受力钢筋即为叠合楼板的下部纵向受力钢筋，在板端宜按照现浇楼板的要求伸入支座。在预制板侧面的构造钢筋为了预制板加工及施工方便可不伸出，但应采用附加钢筋的方式，保证楼面的整体性及连续性。

9.3.9 本条所述的拼缝形式较简单，利于构件生产及施工。理论分析与试验结果表明，这种做法的是可行的。叠合楼板的整体受力性能介于按板缝划分的单向板和整体双向板之间，与楼板的尺寸、后浇层与预制板的厚度比例、接缝钢筋数量等因素有关。开裂特征类似于单向板，承载力高于单向板，挠度小于单向板但大于双向板。板缝接缝边界主要传递剪力，弯矩传递能力较差。在没有可靠依据时，可偏于安全，按照单向板进行设计，接缝钢筋按构造要求确定。

对于 50mm 厚的现浇层，混凝土强度等级为 C25 时，其抗剪能力可达到 44kN/m，对于民用建筑正常的荷载条件，其抗剪能力已满足，适当的增设附加钢筋可提高接缝的抗剪能力，避免界面出现开裂等情形。

9.3.10 当单向叠合板的拼缝位于与单向板跨度方向相垂直方向的跨中时，由于即使在正常使用状态下叠合层中也可能产生较大的拉应力，因此，应尽可能避免将拼缝设置在跨中，如不能避免时，宜采取整体式拼缝方案。

9.3.13 考虑到预制构件与现浇结构不同，最小配筋率主要避免出现脆性的受力破坏，而不需要考虑限制裂缝的出现，因此对预应力构件适当放宽了最小配筋率的要求。

10 其他构件设计

10.2 外墙板设计

10.2.1 前两种为外墙板常用的连接方式,下端固接主要解决阳台栏板等矮墙板的连接。

10.2.2 地震与风荷载的组合应按照国家现行标准《建筑结构荷载规范》GB 50009 及行业现行标准《高层建筑混凝土结构技术规程》JGJ 3 执行。

10.2.7 非结构构件按照允许应力法设计时,配筋率可不执行对结构构件的要求,但为了保证安全性结构设计时仍应配置适当的钢筋,在大多数情况下,实际钢筋用量由制作、安装阶段所控制。

10.2.10 为了避免外墙板在大震时为结构提供刚度,在非结构连接部位可采取局部减薄或切缝的方式,使得结构不至于出现意料外的破坏。但外墙板的接缝必须处理好防水问题,应当设置建筑防水构造措施。

10.3 隔墙板设计

10.3.4 隔墙板的配筋主要解决构件在生产、运输及安装环节的开裂问题。

10.4 预制楼梯设计

10.4.2 为了保证吊装、运输机安装过程中的构件截面承载力及控制裂缝宽度,对其上部构造钢筋的最小配筋进行了规定。

11 连 接

11.3 钢筋浆锚搭接连接

11.3.3 根据国内的研究结果,配置螺旋箍筋的约束浆锚搭接连接性能较好,可用于受力钢筋的连接。本条参照国内其他地区应用的经验给出了螺旋箍筋配置的基本要求。